내 몸을 살리는 맛있는 하루 10분 요리

1일 1찬 따끈따끈 레시피

1일 1찬 따끈따끈 레시피

1판 1쇄 인쇄_ 2014.09.22
1판 1쇄 발행_ 2014.09.30

지은이_ 후카마치 구미코
옮긴이_ 장민주
발행인_ 홍성찬

발행처_ 인사이트북스
출판신고_ 2009년 6월 5일 제25100-2009-0017호

주소_서울특별시 강북구 삼양로169길 34-12(우이동)(142-871)
대표전화_ 070)8112-0846
팩시밀리_02)906-9888
이메일_ insightbooks@hanmail.net

ⓒ 이종민 저작권자와 맺은 특약에 따라 검인을 생략합니다.
ISBN 978-89-98432-30-0   13590

Onion Garlic Ginger Red pepper

내 몸을 살리는 맛있는 하루 10분 요리

1일 1찬
따끈따끈 레시피

후카마치 구미코

장민주 옮김

인사이트
북스

'냉증'은 만병의 근원이라고 합니다. 그런데 냉난방을 해 놓은 사무실에서 오랜 시간 지내거나, 식생활이 올바르지 못한 경우 자신이 '냉증' 상태라는 사실조차 인지하지 못하는 사람들도 많습니다. 이 책에는 차가운 분들을 위해 먹으면 금방 몸속부터 따뜻해지는 레시피만을 모았습니다. 요리 초보들도 괜찮아요! 몸을 따뜻하게 하는 식재료로 10분 이내에 완성할 수 있는 레시피들이니까요. 또한 누르기만 해도 몸이 따뜻해지는 혈자리의 위치 등도 더불어 소개합니다.

원기를 모아
'냉증'과 작별!

동양의학에서는 '기' '혈' '수'의 세 요소가 몸속을 순환하고 있다고
봅니다. 이 3요소가 안정적으로 순환하면 '건강'하고, 반대로 정체되
면 '병'을 유발하는 것으로 여깁니다. 어렵게 생각할 필요는 없습니
다. '기'는 원기元氣의 '기'라고 생각하기 바랍니다.

3요소 가운데 가장 중요한 것이 '기'이며, 모든 정체는 '기'와 관련이
있습니다. 예부터 거론되는 '병은 기로부터'라는 말도 그런 사상에
기반을 두고 있습니다. 그 외에도 원기, 오기, 용기, 기개, 근기, 활기,
분위기 등 많은 단어에 '기'가 쓰이는 걸 아시겠지요. 기는 생명 에너
지의 상징이라고 생각하면 이해하기 쉬울지 모르겠네요. 동양의학
에서 모든 것의 원천으로 여겨지는 '기'는 우리 몸속을 구석구석 순
환하고 있습니다.

동양의학에 비추어 생각해 보면 '냉증'은 '기'의 순환이 나빠져서 혈
액과 수분까지 정체돼 있는 상태로 여겨집니다. 몸속부터 따뜻하게
만들어서 원기를 모아, '냉증'을 물리치세요!

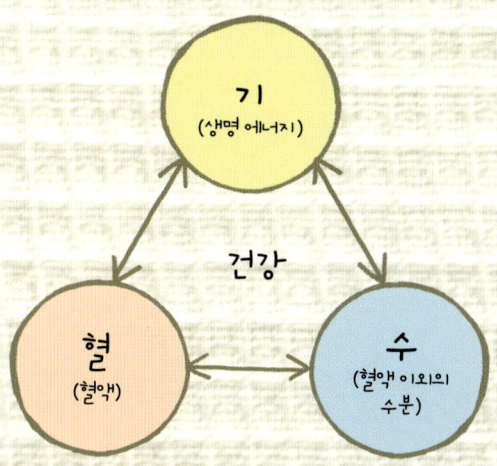

오장육부가 기뻐하는
식사는 몸을 따뜻하게 한다

추운 날 따뜻한 음료를 마시거나, 오랜만에 술을 마셨을 때 '오장육부에 스며든다'는 표현을 합니다. 이것은 뱃속은 물론 마음 구석구석까지 음식의 맛이 스며든다는 의미입니다. 여기서 말하는 오장육부란 무엇을 가리키는지 아시나요?

오장은 간, 심장, 비장, 폐, 신장, 육부는 쓸개, 소장, 위, 대장, 방광, 삼초를 가리킵니다. 오장육부는 동양의학의 사상이므로 서양의학에서 말하는 내장 기관 자체를 가리키는 건 아니지만, 그 작용을 표현한다고 생각해 주세요.

맛있는 식사는 오장육부에도 스며듭니다. 많은 장기를 거쳐 몸속 구석구석까지 영양분을 전달하고, 그 과정에서 에너지를 순환시켜 몸을 따뜻하게 합니다. 일상생활이 바빠도 몸을 생각해 균형 잡힌 식사를 하는 데 신경 쓰기 바랍니다.

우울한 기분으로 지내면
몸도 냉랭

'냉증'은 몸 자체만 원인이 되어 생기는 게 아니랍니다. '기분이 좋다' '기분이 나쁘다'라고 할 때에도 '기'가 관여를 하지요. 그리고 정신적인 '기'의 냉증은 자율신경과 무척 밀접한 관계가 있습니다. 자율신경은 교감신경과 부교감신경으로 이루어져서 내장기관의 움직임은 물론 감정도 조율하고 있습니다. 자율신경의 균형이 깨지면 화를 잘 내거나, 반대로 우울한 기분에 젖어 기분이 가라앉기도 합니다. 그러면 몸이 '차가워'지고, 기분은 더욱 우울한 상태로 빠져들지요.

몸을 따뜻하게 하기 위해서는 평소에 여유로운 마음으로 지내는 것도 중요합니다. 특히 여성의 경우, 생리 전이나 생리 중엔 혈액 순환이 정체되기 쉽고 화를 잘 내거나 안절부절못하는 일이 많습니다. 우울한 기분이 들 때는 피를 보충해 주는 식사를 해서 혈액 순환을 좋게 만드는 데 신경 써야겠습니다.

이 책의 활용법

• 재료는 1인분을 기준으로 합니다.

• 1작은술=5ml, 1큰술=15ml, 1컵=200ml입니다.

• 채소류는 특별한 언급이 없는 경우 씻고 껍질을 벗기는 등의 작업을 마친 후의 순서부터 설명합니다.

• 조미료는 특별한 언급이 없는 경우 간장은 진간장, 밀가루는 박력분, 설탕은 백설탕, 술은 일본술을 사용합니다.

• 불 조절은 특별한 지정이 없는 한, 중불에서 조리합니다.

• 전자레인지의 가열시간은 500w 기준입니다. 600w의 경우엔 0.8배로 가열 시간을 맞춥니다. 또한 기종에 따라 가열 시간이 달라지는 경우가 있으
  므로 상황에 맞게 조율합니다.

• 표시한 칼로리는 1인분 기준의 대략적 수치입니다.

'냉증' 타입을 체크합시다

당신의 '냉증'은 무엇이 원인이 되어 생길까요? 몸의 증상에 따라 '냉증'의 종류를 분류했습니다. A-E그룹 가운데 가장 체크 수가 많은 것이 당신의 '냉증' 타입입니다. 복수의 그룹에 해당되는 숫자가 같은 경우에는 양쪽 모두 원인으로 여겨지므로 각 그룹의 설명을 참고하세요.

A 그룹

- ☐ 위가 더부룩하다.
- ☐ 변비나 설사를 한다.
- ☐ 식욕이 없을 때가 있다.
- ☐ 때때로 두통이 있다.
- ☐ 머리가 무겁다고 느낄 때가 있다.
- ☐ 목소리가 작다.
- ☐ 언제나 멍하다.
- ☐ 휴식을 취할 수 없다.
- ☐ 배와 발이 차다.
- ☐ 배가 붓는다.
- ☐ 전신이 떨린다.
- ☐ 목과 어깨 결림이 있다.
- ☐ 먹어도 살이 안 찐다.
- ☐ 스트레스를 받으면 많이 먹는다.
- ☐ 소화가 잘 안 되는 기분이 든다.
- ☐ 빨리 먹는다.
- ☐ 금세 배가 불러온다.
- ☐ 추위에 약하다.
- ☐ 간식을 자주 섭취한다.
- ☐ 단 것을 싫어한다. 혹은 너무 많이 먹는다.

B 그룹

- ☐ 금세 지친다.
- ☐ 몸이 언제나 나른하다.
- ☐ 잠을 자도 피로가 풀리지 않고, 아침에 일어나는 게 힘들다.
- ☐ 냉방이 싫다.
- ☐ 과로를 느낀다.
- ☐ 수면 부족이 이어진다.
- ☐ 눈두덩이 잘 붓는다.
- ☐ 허리가 무겁게 느껴질 때가 있다.
- ☐ 자면서 땀을 흘린다.
- ☐ 골절을 한 적이 있다.
- ☐ 잠을 자도 금방 눈이 떠진다.
- ☐ 잠버릇이 나쁘다.
- ☐ 기온과 기후 변화에 민감해서 몸이 자주 아프다.
- ☐ 손과 발이 차다.
- ☐ 의욕이 안 솟는다.
- ☐ 자주 깜빡깜빡 한다.
- ☐ 여름이 싫다.
- ☐ 마른 편이다.
- ☐ 체력이 떨어진 상태다.
- ☐ 짠맛을 즐긴다. 혹은 먹지 않는다.

C 그룹

- ☐ 생리 불순이다.
- ☐ 생리 전과 생리 중에 몸 상태가 안 좋다.
- ☐ 생리통이 있다.
- ☐ 생리 전부터 하복부 통증이 있다.
- ☐ 마음의 피로와 과로를 느낄 때가 많다.
- ☐ 음식을 가리는 게 많다.
- ☐ 빈혈기가 있다.
- ☐ 판단력이 흐리다.
- ☐ 눈을 많이 써서 눈이 피로하다.
- ☐ 화를 잘 낸다.
- ☐ 발목 주변이 붓는다.
- ☐ 손톱이 잘 깨진다.
- ☐ 찬 것을 좋아한다.
- ☐ 얼굴이 칙칙하고 기미도 신경 쓰인다.
- ☐ 책상 앞에서 일을 많이 한다.
- ☐ 전신의 피로감이 느껴진다.
- ☐ 꽉 끼는 신발이나 거들을 즐긴다.
- ☐ 단 것을 무척 좋아한다.
- ☐ 발목이 휘청거릴 때가 있다.
- ☐ 신맛을 싫어한다. 혹은 무척 좋아한다.

D 그룹

- ☐ 때때로 숨이 차다.
- ☐ 자다가 땀을 흘리며, 얼굴에서 냉기와 열기가 번갈아 느껴진다.
- ☐ 한숨을 많이 쉰다.
- ☐ 꿈을 자주 꾼다. 잠을 깊이 못 자고 수면 부족이다.
- ☐ 작은 일에 너무 신경을 쓰고 질질 끈다.
- ☐ 때때로 현기증을 느낀다.
- ☐ 불안감이 있다.
- ☐ 발이 붓는다.
- ☐ 상기증이 있다.

- ☐ 손발이 떨릴 때가 있다.
- ☐ 정신적으로 긴장을 잘한다.
- ☐ 운동을 거의 하지 않는다.
- ☐ 다이어트를 많이 한다.
- ☐ 초콜릿과 커피를 무척 좋아한다.
- ☐ 생활 리듬이 잘 깨지는 편이다.
- ☐ 기력이 없고 얼굴도 창백하다.
- ☐ 몸이 전체적으로 차다.
- ☐ 저혈압인 편이다. 혹은 고혈압인 편이다.
- ☐ 쓴 맛을 좋아한다. 혹은 싫어한다.

E 그룹

- ☐ 재채기와 코 막힘 증상이 잦다.
- ☐ 목이 약하다.
- ☐ 조급증이 날 때가 있다.
- ☐ 화장실을 자주 간다.
- ☐ 얼굴이 잘 붓는다.
- ☐ 등에 살이 잘 붙는다.
- ☐ 하반신이 무겁다.
- ☐ 알레르기 체질.
- ☐ 잔주름이 많다.
- ☐ 담배를 피운다.
- ☐ 냉방을 싫어한다.
- ☐ 감기에 잘 걸린다.
- ☐ 술을 좋아해서 자주 마신다.
- ☐ 코가 빨개진다.
- ☐ 피부가 거칠다.
- ☐ 가습기가 늘 필요하다.
- ☐ 소변의 양이 늘어난 듯하다.
- ☐ 방광염에 걸린 적이 있다.
- ☐ 몸이 가려울 때가 있다.
- ☐ 매운 것을 잘 먹는다. 혹은 싫어한다.

나의 냉증 타입은?

체크가 끝나면 어느 그룹에 몇 개씩 체크를 했는지 세어 봅니다. 가장 숫자가 많은 그룹을 당신의 '냉증' 타입으로 봅니다. 복수의 그룹에 같은 수를 체크했다면 양쪽 타입에 해당될 가능성이 있어요. 또한 그날의 몸 상태에 따라 냉증의 타입도 달라지므로 세심하게 체크를 하고 지금 자신의 냉증 상태를 파악해 두세요.

A그룹이 많은 사람 양허陽虛 타입

평소 소화기 계통이 약한 사람들 중에 많은 냉증 타입. 동양의학적으로는 활동 에너지인 '양'의 부족이 그 원인입니다. 양 에너지는 '후천적 기'라고 해서 음식으로부터 몸이 취하는 '기'를 말합니다. 부모로부터 물려받은 '선천적 기'와는 달리 후천적 기는 평소 몸 밖에서 보충해야 하지요. 위장의 움직임이 약하면 소화 불량 등이 일어나 후천적 기, 즉 원기가 쌓이지 않아요.
양허 타입의 냉증에서는 피부와 근육에 영양을 공급하는 기능이 떨어지기 때문에 비장과 위의 기능을 끌어올리고 영양가 있는 식사를 해서 양의 부족을 보충해 줍니다.

B그룹이 많은 사람 신허腎虛 타입

신허 타입의 냉증은 생명 에너지의 기가 약해져서 일어납니다. 신장은 부모로부터 물려받는 선천적 기가 머무는 장소로서 생명 에너지의 기와 관련이 있으며, 발육과 성장 등의 생명 활동에도 영향을 미치는 것으로 알려져 있습니다.
귀와 모발, 치아, 뼈 등의 부위는 전부 '신'에 속하기 때문에 신장이 허하면 흰머리가 늘어나거나, 뼈가 약해지거나, 치아가 약해지는 등 눈에 띄는 노화가 빨라지는 원인도 됩니다. 식생활을 개선해서 '신장'을 강화하는 식사를 하는 데 신경 써야합니다.

C그룹이 많은 사람 혈허血虛 타입

혈액 순환의 정체에서 오는 냉증의 타입입니다. 혈액 순환의 정체는 어느 타입에나 해당되지만 특히 혈허 타입에는 여성들의 생리와 관련된 냉증도 포함됩니다. 혈액 순환이 나빠지면 통증과 멍울이 생기고 생리 때 괴로운 증상을 유발합니다.

혈액을 전신에 보내는 것뿐 아니라 사고를 컨트롤해서 판단력을 보충하는 간의 움직임을 좋게 함으로써 개선을 기대할 수 있으니, 언제나 편안하게 지낼 수 있도록 마음을 쓰고 안절부절못하는 일이 없도록 신경 쓰세요. 식사는 혈액 순환이 좋아지는 것을 의식적으로 섭취합니다.

D그룹이 많은 사람 기체氣滯 타입

기의 흐름이 나빠지면 일어나는 냉증 타입입니다. 기의 흐름에는 정신적인 심기도 포함되는 만큼 마음 상태와도 관련이 있습니다. 동양의학은 마음과 몸을 둘이 아닌 하나로 인식합니다. 정신적인 스트레스로 인해 위의 상태가 나빠지는 걸로도 그런 점을 확인할 수 있지요. 스트레스와 감정을 컨트롤하는 자율신경의 균형이 깨지면 기의 흐름도 멈춘답니다.

평소 스트레스를 쌓아 두지 않도록 하세요. 작은 일에도 신경을 많이 쓰는 심약한 사람은 크게 숨을 들이쉬고 천천히 심호흡을 해 봅니다. 그것만으로도 기는 흐르는 법이니까요!

E그룹이 많은 사람 수체水滯 타입

눈으로 봐선 알 수 없는, 숨어 있는 냉증 타입입니다. 겉보기엔 건강해 보이면서 조금 통통한 것이 특징. 하지만 그것은 부종일지도 모릅니다. 냉증이 해소되고 수분 조율이 정상화되면 얼굴의 붓기가 빠져서 얼굴이 한층 작아질 거예요. 물의 흐름이 정체되면 얼굴과 몸이 붓고, 땀도 잘 흘리지 못해서 점점 수분이 정체되는 악순환에 빠집니다.

동양의학에서는 수분대사와 피부대사 작용을 하는 폐의 기능 저하도 관련이 있는 것으로 여겨지며, 목이 마르고 숨쉬기 힘들 때가 있습니다.

아직도 원인은 있다! 5가지 타입 이외에 냉증의 원인이 되는 운동 부족도 큰 적

냉증을 5가지로 분류했지만, 그 외에도 냉증의 커다란 원인이 되는 것이 있습니다. 바로 운동 부족입니다. 운동 부족에 의한 냉증은 모든 타입의 냉증의 원인이 될 정도로 커다란 요인이에요.

운동 부족에 의해 냉증이 일어나면 어깨 결림이 생기고, 팔을 들어올리지 못하거나, 요통을 유발합니다. 인체는 운동을 함으로써 몸을 따뜻하게 하고 열이 만들어지지요. 평소 전혀 운동을 하지 않으면 냉증이 악화할 가능성도 있어요.

과격한 운동을 하지 않아도 됩니다. 기본적인 스트레칭과 걷기를 평소 조금씩이라도 의식적으로 행하면 분명 괴로운 냉증은 개선될 것입니다.

따끈한 식재료 Vol.1

생강

몸을 따뜻하게 하는 식재료로 잘 알려진 생강은 냉증을 완화시키는 데 매우 효과가 좋은 식품입니다. 생강의 매운맛 성분인 '진저롤'은 발한 작용과 해열 작용을 하여 몸을 따뜻하게 하고, '쇼가올'은 살균 작용을 하기 때문에 면역력을 높이고 감기 예방 효과도 기대할 수 있습니다. 학계에서는 생강이 항암에도 효과가 있을 것으로 보고 활발한 연구를 진행하고 있습니다.

다진 것

다진 생강은 채소나 고기를 볶을 때 향미를 더해 주는 최고의 재료. 수프나 볶음밥 등에 넣으면 상쾌한 향이 식욕을 자극해요.

간 것

간 생강은 그 자체가 양념의 역할을 해서 카레나 된장국의 맛을 살리기 때문에 다양한 요리에 널리 쓰이는 만능 식재료입니다. 홍차에 넣어서 진저 티로 만들 수 있어요.

말린 것

생강을 잘게 썰어서 햇빛에 하루 동안 말립니다. 이것만으로 휴대 가능한 생강 완성. 홍차나 수프에 넣으면 따끈따끈 레시피로 대변신.

요리를 쉽게 해 주는 따끈따끈 소스를 만들어보자!

생강 × 간장 - 생강간장

몸에 좋은 발효 식재료인 간장은 식욕 부진을 해소하는 작용과 해독 작용을 하며, 생강과도 잘 어울려요.

재료

생강 ····· 50g
술 ····· 2큰술
간장 ····· 50ml

❶ 생강을 잘게 다진다.
❷ 간장과 술을 섞은 다음 ①을 첨가한다.

* 재료는 만들기 쉬운 분량을 기준으로 함.
* 유리그릇이나 플라스틱 보존 용기에 넣어 냉장 보관하면
  며칠 동안 보관이 가능하지만 되도록 빨리 먹을 것.

생강 × 된장 - 생강된장

이소플라본이 들어 있는 된장은 여성에게 좋은 식재료입니다. 면역력을 높여 주는 생강과 합치면 이상적인 미용 소스가 됩니다.

재료

생강 ····· 30g
된장 ····· 1.5큰술
흑초 ····· 1큰술
설탕 ····· 1큰술

❶ 생강을 잘게 다진다.
❷ 생강과 나머지 식재료를 전부 섞으면 완성.

* 재료는 만들기 쉬운 분량을 기준으로 함.
* 유리그릇이나 플라스틱 보존 용기에 넣어 냉장 보관하면
  며칠 동안 보관이 가능하지만 되도록 빨리 먹을 것.

한 가지 요리로 영양도 양도 만점
부추와 생강의 잡채볶음

부추와 양파는 냉증을 예방하고 혈관 벽을 튼튼하게 해서 피부 저항력을 높여 줘요. 동양의학에서 토마토는 '적'으로 '불'과 '열'에 속하며, 열을 가하면 따끈한 식재료로 변신하죠. 다이어트에도 추천하는 요리!

재료

생강간장 ····· 1큰술

당면 ····· 30g

돼지고기 간 것 ····· 100g

부추 ····· 3줄기

가지 ····· 1/2개

양파 ····· 1/4개

토마토 ····· 중간 크기 1개

표고버섯 ····· 1개

설탕 ····· 한줌

소금, 후추, 샐러드유 ····· 적당량

1 당면은 뜨거운 물에 5분 정도 담갔다 뺀 후 먹기 좋게 자른다. 부추, 가지, 양파, 토마토, 표고버섯은 먹기 좋은 크기로 썬다.

2 샐러드유를 두른 프라이팬을 달군 뒤 돼지고기 간 것, 부추, 가지, 양파, 표고버섯 순으로 넣어 볶는다.

3 전체적으로 열이 가해졌으면 생강간장, 설탕, 소금, 후추로 맛을 내고, 당면과 토마토를 넣어 함께 볶은 후 그릇에 보기 좋게 담아낸다.

조리시간
10분

Ginger

337kcal

17

파워 부족을 한 번에 해소
죽순과 가다랑어포 무침

식이섬유가 많은 죽순은 몸도 피부도 깨끗하게 만들어 주는 식재료예요. 동양의학에서는 위의 기능을 좋게 해 주는 것으로 알려져 있답니다. 가다랑어포를 뿌리면 향미와 맛이 레벨 업.

재료

생강간장 ····· 1/2큰술(생강을 적게)

데친 죽순 ····· 70g

가다랑어포 ····· 1/2작은팩(2.5g)

일본 조미료 다시노모토 ····· 1/4작은술

① 죽순을 먹기 좋은 크기로 얇게 썬다.

② 냄비에 물 50ml와 다시노모토를 넣고 끓기 시작하면 생강간장과 ① 을 넣어 국물이 졸아들 때까지 끓인다.

③ 불을 끄고 가다랑어포를 올려 완성한다.

요리의 힌트 1

'한줌'과 '약간'의 차이
'한줌'은 엄지손가락과 집게손가락, 중지의 세 손가락으로 가볍게 집은 양, '약간'은 엄지손가락과 집게손가락 두 손가락으로 가볍게 집은 정도의 양입니다.

Ginger

31kcal

아삭아삭함이 일품인
연근과 당근 조림

면역력을 높여 주는 연근은 냉증 개선 외에 알레르기 체질과 꽃가루 알레르기인 사람에게도 추천하는 식재료. 활성 산소를 제거하는 '폴리페놀'도 풍부하게 들어 있으니 적극 섭취해서 건강을 유지하세요.

재료

생강간장 ····· 1큰술

연근 ····· 80g

당근 ····· 20g

다시노모토 ····· 1/2작은술

설탕 ····· 두 줌

① 연근은 얇게 통썰기를 하고, 당근은 필러로 얇게 벗겨내듯 썬다.

② 냄비에 물 100ml를 넣고 불을 켠 다음 다시노모토를 녹인다.

③ 생강간장과 설탕을 넣고 끓어오르면 연근과 당근을 넣고 국물이 없어질 때까지 졸인다.

아리의 힌트 2

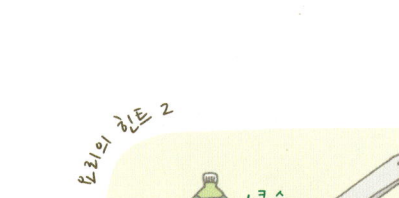

1큰술

페트병 뚜껑

분량을 재는 데 종종 쓰이는 도구가 큰술과 작은술. 둘 다 부피를 재는 도구로 1큰술은 15ml, 1작은술은 5ml입니다. 큰술도 작은술도 없는 경우엔 페트병 뚜껑을 활용해 보세요. 페트병 뚜껑 두 개 분량이 1큰술과 거의 양이 같아요.

조리시간
10분

Ginger

93kcal

21

콜라겐이 풍부한
부드러운 닭다리살 찜

적당한 크기의 닭다리살에 조리술을 넣고 쪄서 촉촉하게 완성. 콜라겐이 풍부한 닭다리살은 먹을수록 매끈하고 아름다운 피부를 만들어 주는 식재료예요. 몸을 따뜻하게 하는 재료만 사용했으니 뼛속까지 따끈따끈해지는 걸 느껴 보세요.

🍴 재료

생강간장 · · · · · 50ml

닭다리살 · · · · · 2개

파 · · · · · 30g

조리술 · · · · · 50ml

설탕 · · · · · 두 줌

샐러드유 · · · · · 1큰술

소금, 후추 · · · · · 적당량

1. 닭다리살에 소금, 후추를 뿌려 밑간을 한다. 파는 길게 반으로 썬 다음 어슷썰기 한다.

2. 프라이팬에 샐러드유를 두르고 달군 다음 닭다리살의 껍질이 붙은 쪽을 밑으로 가게 해서 굽는다.

3. 알맞게 구워지면 뒤집어서 생강간장, 설탕, 술, 물 50ml를 넣고 뚜껑을 덮고 쪄 낸다. 파를 넣고, 소스를 끓이면서 끼얹어 주고, 부드러워지면 완성.

따끈한 식재료, 차가운 식재료 vol.1
'따끈따끈 레시피를 먹는데도 좀처럼 냉증이 개선되지 않는 사람은 차가운 음료를 너무 많이 섭취하는 건 아닌지 체크해 보세요. 몸을 따뜻하게 하는 식재료를 먹어도 얼음이 든 음료를 잔뜩 마신다면 체질 개선이 어렵답니다. 우선은 한 달 정도 찬 음료를 끊어 보세요. 놀라울 정도로 체질이 바뀌는 것을 틀림없이 느낄 수 있을 거예요. 가장 쉽게 몸의 붓기를 빼는 방법은 끓인 물을 미지근하게 식혀서 마시면 됩니다.

Ginger

332
kcal

간단! 헬시! 맛있다!
연어와 해송이버섯 비빔밥

안티에이징 식재료로 주목받는 연어를 감칠맛 성분이 풍부한 해송이버섯과 향이 좋은 파드득나물을
섞은 건강한 비빔밥. 갓 지은 밥에 살짝 섞기만 하면 되기 때문에 만들기도 쉬워요!

재료

생강간장 ····· 1작은술

밥 ····· 한 공기 분량(150g)

연어 ····· 1/2토막

해송이버섯 ····· 5개

파드득나물 ····· 3줄기

다시노모토 ····· 1/4작은술

술 ····· 1/2작은술

1 연어는 그릴 등에서 맛있는 색이 날 때까지 구운 다음 껍질을 벗겨 살짝 부순다. 파드
득나물의 줄기는 약간 작게, 잎은 성글게 썰어서 장식용으로 준비해 둔다.

2 냄비에 물 50㎖, 다시노모토를 넣고 열을 가해 녹으면 생강간장, 조리술을 넣고 한 차
례 젓는다. 밑뿌리를 잘라 내고 하나씩 분리해 놓은 해송이버섯을 넣어 조린다.

3 밥에 연어, 파드득나물 줄기와 **2** 를 섞어 가볍게 비빈다. 그릇에 담고 준비해 둔 파
드득나물 잎으로 장식한다.

조리시간
7분

Ginger

308kcal

씹는 맛이 아삭아삭
강낭콩과 참치의
따뜻한 샐러드

강낭콩의 아삭아삭 씹히는 맛을 즐기기 위해 가열 시간을 정확히 지켜 주세요. 전자레인지에 돌리기 전에 소금을 뿌리면 색을 선명하게 유지할 수 있어요. 참치통조림은 기름째 볶아서 카로틴 흡수를 높여 줍니다.

재료

생강간장 ····· 1작은술

꼬투리째 먹는 강낭콩 ····· 7개

참치통조림 ····· 작은캔 1/2

토마토 ····· 중간 크기 1개

소금 ····· 적당량

1 강낭콩은 가볍게 소금을 뿌리고 랩으로 싸서 전자레인지에 1분 가열한 다음 끝부분을 잘라 내고 먹기 좋은 길이로 자른다. 토마토는 반달 모양으로 4등분한다.

2 프라이팬을 달구고, 강낭콩과 참치통조림을 기름까지 넣어 볶다가 참치가 풀어지면 토마토를 넣는다.

3 재료가 익으면 생강간장을 첨가해 잘 섞는다.

조리시간
7분

Ginger

78
kcal

수체타입

풍미도 영양도 대만족
파 듬뿍 가지 구이

구운 가지에 생강된장을 바르면 향과 맛이 더 좋아집니다. 이뇨 효과가 탁월한 가지를 먹고 붓기를
개선해 보세요. 쪽파를 듬뿍 얹으면 영양 밸런스가 좋은 따끈따끈 레시피 완성.

🍚 재료

생강된장 · · · · · 1큰술

가지 · · · · · 1개

쪽파 · · · · · 5줄기

샐러드유 · · · · · 적당량

1 가지는 길게 반으로 자른다. 쪽파는 잘게 썬다.

2 프라이팬에 샐러드유를 달구고, 가지의 양면을 굽는다. 표면이 부드러워지면 자른 단
면에 생강된장을 바른다.

3 그릇에 구운 가지를 담고 쪽파를 얹는다. 취향에 따라 생강된장을 곁들인다.

따끈한 식재료, 차가운 식재료 vol.2
일반적으로 여름에 수확하는 채소나 과일은 몸을 차게 하고, 겨울에 수확하는 것은 몸을 따뜻하게 하는 식재료로
알려져 있습니다. 토마토나 오이, 피망, 가지 등이 여름 채소이고, 과일로는 레몬과 라임 같은 감귤류 외에 수박과
멜론 등이 있답니다. 겨울 채소에는 생강과 호박, 당근, 순무, 부추 등이 있고, 대표적인 과일로는 사과가 있어요.

Ginger

43kcal

신허타입

피로 회복의 강력한 아군
돼지고기와 참마 볶음

옛날부터 자양 강장에 좋다고 알려진 참마와 피로 회복에 빠뜨릴 수 없는 비타민 B1이 풍부하게 들어 있는 돼지고기는 정말 잘 어울리는 한 쌍. 돼지고기의 지방을 싫어하는 사람도 생강된장 덕에 산뜻하게 즐길 수 있어요.

🍲 재료

생강된장 ····· 1큰술

돼지고기(생강구이용) ····· 80g

참마 ····· 50g

무순 ····· 2g

샐러드유 ····· 1작은술

조미술 ····· 1작은술

소금, 후추 ····· 적당량

1. 돼지고기는 1cm 폭으로, 참마는 막대 모양으로 썬다. 무순은 뿌리를 잘라 내고 큼직하게 썬다.

2. 프라이팬에 샐러드유를 가열하고 돼지고기와 참마를 볶다가 소금, 후추로 간을 맞춘다.

3. 조미술과 생강된장을 추가해 좀 더 볶는다. 그릇에 담고 무순을 올린다.

따끈한 식재료, 차가운 식재료 vol.3
열대 지방에서 재배되는 것은 몸을 차게 하는 작용이 강하다고 알려져 있어요. 바나나와 망고, 파인애플, 파파야, 카카오(초콜릿의 원료), 커피 등이 대표적이죠. 한편 추운 곳에서 자라는 호박이나 양파, 깨, 견과류 등은 몸을 따뜻하게 해 준답니다.

Ginger

182kcal

몸의 피로와 마음을 부드럽게 위로하는
시금치와 해송이버섯 무침

몸의 피로가 쌓였을 때나 불면, 식욕 부진 등을 느낄 때에 반드시 먹으면 좋은 것이 비타민 류와 카로 틴이 풍부하게 들어 있는 시금치예요. 여성에겐 빠뜨릴 수 없는 영양소인 철분도 듬뿍.

재료

생강된장 · · · · · 1큰술

시금치 · · · · · 50g

해송이버섯 · · · · · 70g

부순 김 · · · · · 한줌

샐러드유 · · · · · 1큰술

1. 시금치는 충분한 양의 물을 팔팔 끓여 살짝 데친 다음 5cm 정도의 길이로 자르고 꼭 짜서 물기를 뺀다. 해송이버섯은 밑뿌리를 잘라 내고 하나씩 분리한다.

2. 프라이팬에 샐러드유를 달구고 해송이버섯을 넣어 살살 볶다가 시금치를 넣어서 좀 더 볶는다.

3. 생강된장을 첨가해 잘 섞어 준 다음 그릇에 담고 김을 뿌린다.

따끈한 식재료, 차가운 식재료 vol.4

흰설탕은 몸을 차게 하고, 흑설탕이나 사탕수수 설탕은 몸을 따뜻하게 하는 걸로 알려져 있어요. 같은 용도로 사 용하는 조미료라면 몸을 따뜻하게 하는 것을 선택하는 게 좋겠지요.
일반적으로 정제된 것은 몸을 차게 만드는 듯해요. 빵도 밀가루의 밀기울을 완전히 제거한 흰 빵보다 통밀빵을 선택하는 편이 몸의 냉증을 예방하는 데 좋다고 합니다.

조리시간
6분

Ginger

28
kcal

33

몸을 따뜻하게 하는 따끈따끈 혈자리

1

혈자리란? 인체에는 '기'가 통과하는 길이 있는데 그것을 경락이라고 합니다. 혈자리란 '기'가 발생하는 장소를 말합니다. 혈자리와 혈자리를 종으로 연결한 경락에서 기가 흐르고 있는 셈이지요. 혈자리는 기, 혈, 수가 흐르는 길이며, 몸의 상태에 따라 그것들이 정체되면 걸림이나 부종으로 나타납니다. 불편함을 느낄 때는 혈자리를 자극함으로써 개선 효과를 기대할 수 있습니다.

혈자리를 잘 누르는 법

- 피부 표면을 가볍게 문지르면 자연스럽게 손가락이 멈추는 곳, 움푹 들어간 곳, 혹은 부풀어 오른 곳이 있어요. 이곳이 혈자리예요.

- 혈자리를 누르면 기분이 좋아지거나, 통증을 느끼는 경우도 있어요.

- 혈자리를 누를 때는 손가락의 안쪽으로. 손톱을 세워서 꾹꾹 들어가게 누르는 건 NG. 손톱이 길어서 혈자리를 누르기 힘든 사람은 혈자리를 누르는 지압봉 등을 사용해도 좋지만 힘이 너무 들어가지 않도록 주의합니다. 손가락을 포개서 누르면 적절한 강도를 유지할 수 있어요.

- 천천히 2-3초씩, 5-10회 정도를 기준으로 혈자리를 누릅니다.

- 통증을 느끼지 않을 정도로 조금씩 눌러 나갑니다.

냉증 타입별
간단 혈자리 지압법

이 책의 10쪽부터 나오는 체크표에서 냉증을 양허 타입, 신허 타입, 혈허 타입, 기체 타입, 수체 타입의 5가지로 나눴습니다. 각각의 냉증에 효과가 있는 혈자리를 정리했으니 꼭 참고해서 혈자리 누르기를 시도해 보세요. 물론 자신의 타입과 관계없는 혈자리를 매일 누르는 것도 괜찮아요. 냉증의 타입은 몸 상태와 기후 변화 등에 의해서도 바뀌기 때문에 될수록 많은 혈자리를 눌러서 항상 몸 상태를 정비해 두세요. 혈자리의 위치는 36–37쪽과 54–55쪽에 일러스트와 함께 자세히 설명할게요.

양허 타입
다리의 삼리 ····· 무릎 아래
합곡 ····· 손등
백회 ····· 두정부

신허 타입
신유 ····· 등
기해 ····· 배꼽 아래
용천 ····· 발바닥

혈허 타입
삼음교 ····· 안쪽 복사뼈 아래
혈해 ····· 안쪽 무릎 위
괸원 ····· 배꼽 아래

기체 타입
신문 ····· 손목 안쪽
내관 ····· 손목 안쪽의 약간 위
노궁 ····· 손바닥

수체 타입
태연 ····· 손목 안쪽
공최 ····· 안쪽 팔꿈치 아래
수분 ····· 배꼽 위

혈자리의
위치를 익혀요

1

백회 (양허 타입)	머리 정수리에 있으며 양쪽 귀의 윗부분을 연결한 선이 만나는 지점
수분 (수체 타입)	배꼽에서 손가락 한 마디 위쪽
기해 (신허 타입)	배꼽에서 엄지손가락 폭으로 1.5마디 아래쪽
관원 (혈허 타입)	배꼽에서 손가락 네 마디 아래쪽
삼음교 (혈허 타입)	안쪽 복사뼈 위에서 무릎 쪽으로 손가락 네 마디 위
혈해 (혈허 타입)	무릎 위 안쪽의 움푹 들어간 지점에서 손가락 세 마디 위

다리의 삼리 (양허 타입)	무릎 아래, 바깥쪽의 움푹 들어간 지점에서 발목 쪽으로 손가락 네 마디 아래
공최 (수체 타입)	팔꿈치 안쪽의 움푹 들어간 부분에서 팔목(태연) 쪽으로 손가락 네 마디 떨어진 지점
내관 (기체 타입)	손목 안쪽 중앙에서 팔꿈치 쪽으로 손가락 세 마디 떨어진 지점
노궁 (기체 타입)	손바닥 거의 중앙에 있으며 주먹을 쥐었을 때 중지와 약지가 닿는 그 사이 부분
태연 (수체 타입)	손목 안쪽에서 엄지손가락 방향, 동맥이 잡히는 곳
신문 (기체 타입)	손목 안쪽에서 새끼손가락 방향, 움푹 들어간 부분

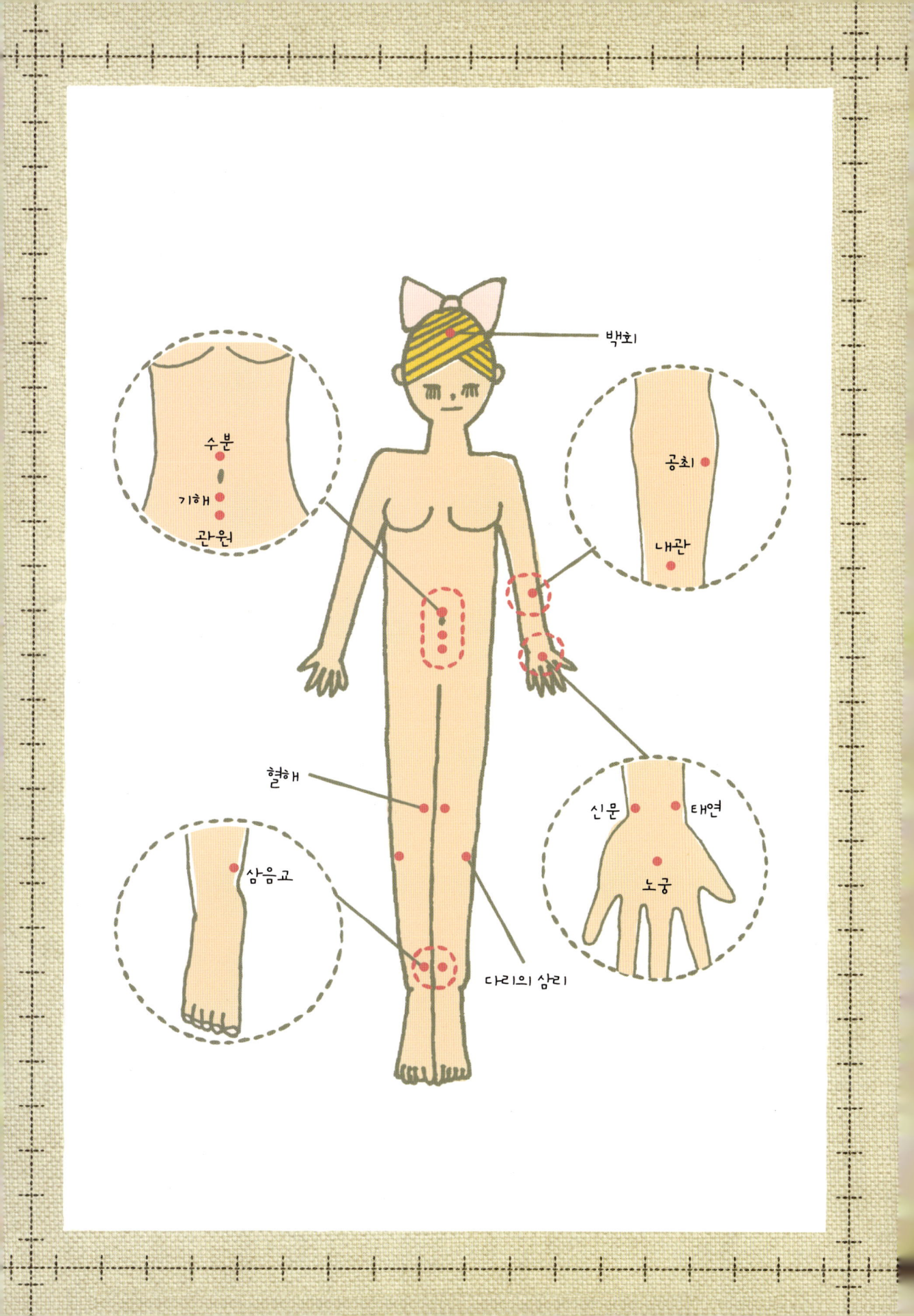

고추

따끈한 식재료 Vol.2

고추에 포함된 '캡사이신'은 지방을 태워 에너지 대사를 촉진하여 혈액 순환을 돕습니다. 또한 발한 작용도 하므로 금세 따끈따끈 몸이 데워지는 것을 느낄 수 있어요. '오늘은 매운 게 먹고 싶다'고 느끼는 날은 없나요? 동양의학에선 소장의 작용이 약해졌을 때의 사인이라고 여긴답니다. 몸이 원하는 것을 정직하게 먹고 건강해지세요.

크게 썰기

건조한 붉은 고추는 큼직하게 썰어서 약불에 기름을 두르고 천천히 볶아 주면 매운맛과 향이 올라와요. 매운 걸 잘 못 먹는 사람들은 씨를 뺍니다.

작게 썰기

요리를 하면서 약간의 자극을 주고 싶을 때 언제나 맹활약하는 것이 잘게 썬 청양고추. 볶음요리에 양념으로 사용하면 매콤한 요리로 대변신.

요리를 쉽게 해 주는 따끈따끈 소스를 만들어 보자!

붉은 고추 × 올리브오일 – 고추기름

악성 콜레스테롤을 줄여 주는 '올레인산'이 풍부하게 들어 있는
올리브오일과 더불어 활성 산소로부터 몸을 보호해 줍니다.

재료

붉은 고추 ····· 5개
올리브오일 ····· 100ml

붉은 고추를 잘게 썰어 올리브오일에 넣으면 완성.
* 매운 걸 좋아하는 사람은 붉은 고추의 씨까지 넣는다.
* 재료는 만들기 쉬운 분량을 기준으로 함.
* 유리나 플라스틱 보존 용기에 넣어 냉장고에 보관하면 며칠
  은 보존 가능하지만, 되도록 빨리 먹을 것.

청양고추 × 흑초 – 일본풍 타바스코

흑초는 신장의 기능을 좋게 해 주는 걸로 알려져 있는데, 피로 회
복과 불필요한 수분 배출을 도와 냉증과 부종에 효과적이에요.

재료

청양고추 ····· 6개
흑초 ····· 50ml

청양고추는 꼭지를 잘라 내고 잘게 썰어서 흑초에 담근다.
* 건고추를 쓸 때는 맛이 뺄 때까지 일주일 정도 담가 둔다.
* 재료는 만들기 쉬운 분량을 기준으로 함.
* 유리나 플라스틱 보존 용기에 넣어 냉장고에 보관하면 며칠
  은 보존 가능하지만, 되도록 빨리 먹을 것.

숲의 버터를 통째로 흡입
아보카도와 매콤 오일 소스

영양가가 높고 미용에도 좋은 아보카도. 간장과 생선회에도 어울리는 식재료이면서 요리 준비도 간단. 따뜻한 식재료인 고추나 연어 등과 섞은 소스는 지방을 태우므로 몸이 따끈따끈해져요.

재료

고추기름 ····· 1큰술

아보카도 ····· 1/2개

방울토마토 ····· 1/2캔

흑초 ····· 1작은술

간장 ····· 1작은술

소금, 후추 ····· 각각 한줌

1 아보카도는 씨를 빼고 1cm 두께로 잘라 접시에 가지런히 올린다. 방울토마토는 가로 세로1cm 크기로 자른다.

2 볼에 토마토와 연어를 담고 고추기름, 소금, 후추, 흑초, 간장을 추가해 잘 섞는다.

3 1의 접시에 2의 소스를 곁들인다.

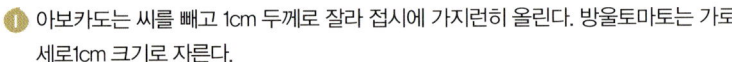

요리의 힌트 3

아보카도의 껍질을 잘 벗기는 법 알고 계신가요? 우선 잘 익은 아보카도를 준비합니다. 그리고 아보카도를 길게 잡고 씨가 닿는 부분까지 칼로 자른 후 씨를 따라 한 바퀴 돌리면서 칼집을 넣어요. 칼을 놔두고 두 손으로 아보카도를 비틀면 씨앗 부분에서 깨끗하게 갈린답니다. 다음으로 칼끝을 이용해 씨앗을 돌려 빼 주세요. 껍질은 그대로 손으로 벗기거나 가볍게 칼집을 넣으면 쉽게 벗겨져요.

조리시간
5분

Red pepper

163kcal

41

늘 먹는 카레의 간단 준비

타이풍 카레

고추기름이 있으면 10분 만에 맛있는 타이풍 카레를 만들 수 있답니다. 카레 루에는 몸을 따뜻하게 하는 효과도 크면서 풍미와 색까지 끌어내는 쿠민과 타메릭 등의 스파이스가 들어 있어요.

🥘 재료

고추기름 · · · · · 1큰술

밥 · · · · · 한 공기 분량(150g)

닭고기(닭다리살 혹은 가슴살) · · · · · 50g

해송이버섯 · · · · · 30g

데친 죽순 · · · · · 30g

빨간 파프리카 · · · · · 30g

고수 · · · · · 1~2줄기

코코넛밀크 · · · · · 250ml

카레 루(매운맛) · · · · · 1조각(20g)

소금, 후추 · · · · · 적당량

① 닭고기는 한 입 크기로 썬다. 해송이버섯은 밑뿌리를 잘라 내고 하나씩 분리한다. 죽순, 파프리카를 채 썬다.

② 프라이팬에 고추기름을 데우고 ①을 볶는다. 전체적으로 재료들이 익으면 코코넛밀 크를 첨가해 3분 정도 끓인다.

③ 불을 끄고 카레 루를 첨가해 걸쭉해지면 소금, 후추로 간을 맞춘다. 그릇에 밥을 푸고 카레를 얹은 다음, 잘게 썬 고수를 뿌린다.

Red pepper

931kcal

감칠맛을 꽉 잡은
당근과 베이컨과 참치 파스타

소금에 절인 돼지고기를 훈제한 베이컨의 역사는 기원전으로 거슬러 올라가요. 허약 체질 개선에 훌륭한 식재료랍니다. 참치통조림도 단백질 보충을 위해 미리 미리 준비해 두면 편리해요. 고기와 생선의 맛이 아우러진 촉촉한 파스타예요.

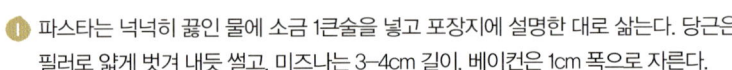 재료

고추기름 ····· 1.5큰술

파스타 ····· 80g

굵게 썬 베이컨 ····· 50g

참치통조림 작은 것 ····· 1/2캔

당근 ····· 15g

미즈나 ····· 25g(*미즈나: 치커리와 비슷하게 생긴 일본 채소)

소금, 굵게 빻은 검은 후추 ····· 적당량

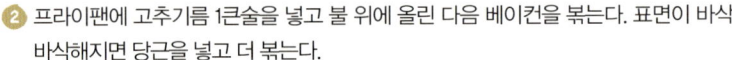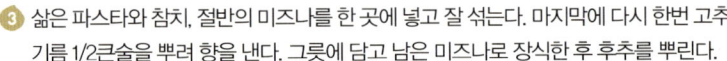

① 파스타는 넉넉히 끓인 물에 소금 1큰술을 넣고 포장지에 설명한 대로 삶는다. 당근은 필러로 얇게 벗겨 내듯 썰고, 미즈나는 3~4cm 길이, 베이컨은 1cm 폭으로 자른다.

② 프라이팬에 고추기름 1큰술을 넣고 불 위에 올린 다음 베이컨을 볶는다. 표면이 바삭바삭해지면 당근을 넣고 더 볶는다.

③ 삶은 파스타와 참치, 절반의 미즈나를 한 곳에 넣고 잘 섞는다. 마지막에 다시 한번 고추기름 1/2큰술을 뿌려 향을 낸다. 그릇에 담고 남은 미즈나로 장식한 후 후추를 뿌린다.

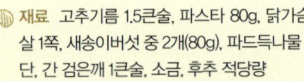
재료를 바꿔서 간단 준비

닭가슴살 검은깨 파스타

🍚 재료 고추기름 1.5큰술, 파스타 80g, 닭가슴살 1쪽, 새송이버섯 중 2개(80g), 파드득나물 1단, 간 검은깨 1큰술, 소금, 후추 적당량

① 새송이버섯은 약 5mm 폭으로, 파드득나물은 3cm 길이로 자른다. ② 얇게 저민 닭가슴살을 고추기름 1/2큰술에 굽는다. 새송이버섯과 파스타 삶은 물 1큰술을 붓고 소금, 후추를 뿌려 쪄 낸다. ③ 삶은 파스타와 깨를 추가해 버무린 다음 고추기름 1큰술을 두르고 파드득나물을 뿌린다.

시푸드 파스타

🍚 재료 고추기름 1큰술, 파스타 80g, 시푸드 믹스(냉동) 100g, 애호박 1/2개, 조미술 혹은 백포도주 1큰술, 소금, 후추 적당량

① 5mm 두께로 통썰기를 한 애호박은 불소 수지 가공 프라이팬에 기름을 두르지 않은 채 굽는다. ② 시푸드 믹스는 술을 뿌려 찐다. ③ 삶은 파스타에 시푸드와 애호박을 넣고 고추기름으로 버무린 다음 소금, 후추로 간을 맞춘다.

조리시간
10분

Red pepper

593kcal

만들기 쉽고 술안주로도 최고
감자 치즈

비타민C가 풍부한 감자는 당 흡수를 억제하고 정장 작용을 하는 식재료예요. 파슬리와 치즈는 함께
먹으면 항산화 작용이 강화돼 노화 예방과 암 예방 작용이 탁월해져요.

🍥 재료

일본풍 타바스코 · · · · · 2작은술

감자 · · · · · 1개

모차렐라 치즈 · · · · · 3큰술

다진 파슬리 · · · · · 두 줌(1g)

소금, 굵게 빻은 검은 후추 · · · · · 적당량

❶ 감자는 껍질째 씻어 길게 반으로 자르고 랩에 싸서 전자레인지에 4분간 가열한다.

❷ ❶의 껍질을 벗기고 1cm 두께로 통썰기를 해서 그릇에 올리고 소금 후추를 친 다음
일본풍 타바스코를 뿌린다.

❸ 치즈를 얹어 전자레인지에 1~2분간 가열한다. 위에 파슬리를 뿌린다.

385kcal

매콤함으로 악센트를
버섯과 뿌리채소의 따뜻한 샐러드

뿌리채소에 해송이버섯을 잔뜩 넣은 균형 잡힌 메뉴예요. 고구마의 식이섬유가 소화 흡수를 돕고 혈관을 튼튼하게 해서 혈액 순환을 촉진해요. 고추의 매콤함으로 악센트를 주었어요.

재료

일본풍 타바스코 ····· 1큰술

무 ····· 60g

당근 ····· 40g

해송이버섯 ····· 40g

고구마 ····· 70g

두껍게 썬 베이컨 ····· 50g

올리브오일 ····· 1큰술

소금, 후추 ····· 적당량

① 해송이버섯은 밑뿌리를 잘라 낸 다음 하나씩 분리해서 가볍게 데친다. 당근과 무는 채 썰고, 베이컨은 1cm 두께로 길게 썬다. 고구마는 랩을 씌워 전자레인지에 4분간 가열한 후 1cm 두께로 통썰기를 한다.

② 프라이팬에 기름을 두르지 않고 베이컨을 굽고, 나머지 ①과 함께 그릇에 담는다.

③ 일본풍 타바스코에 올리브오일을 첨가하고 소금, 후추로 간을 해서 드레싱을 만든 다음 ②에 뿌려서 먹는다.

조리시간
10분

Red pepper

371kcal

49

기체 타입

한번 먹어 보면 끊을 수 없는 맛!

베트남풍 당근 샐러드

요즘 아주 익숙해진 채소인 고수와 땅콩만으로 순식간에 베트남풍 샐러드 완성. 일본풍 타바스코만 있으면 아시안 드레싱도 간단.

재료

일본풍 타바스코 ····· 1큰술

당근 ····· 60g

고수 ····· 15g

레몬즙 ····· 1/2개

피시 소스 ····· 2작은술

샐러드유 ····· 2작은술

소금 ····· 적당량

땅콩 ····· 적당량

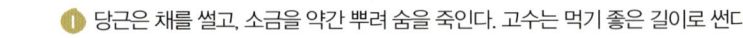

① 당근은 채를 썰고, 소금을 약간 뿌려 숨을 죽인다. 고수는 먹기 좋은 길이로 썬다.

② 일본풍 타바스코에 피시 소스와 샐러드유, 소금 약간을 넣고 잘 섞어서 드레싱을 만든다.

③ ①을 그릇에 담고 ②와 레몬즙을 뿌려서 먹는다. 잘게 부순 땅콩을 얹으면 더욱 맛있다.

조리시간
10분

Red pepper

269kcal

몸을 따뜻하게 하는
따끈따끈 혈자리

2

혈자리 지압
Q&A

Q · 혈자리 지압은 하루 중 언제 하면 좋은가요?

A · 정해진 시간은 없습니다. 목욕 후 몸이 이완됐을 때가 가장 좋지만, 손에 있는 혈자리라면 사무실에서 휴식 시간이나 전철 안에서와 같이 약간 비는 시간에도 지압이 가능합니다.

Q · 등 부분은 지압하기 어려운데 다른 사람에게 부탁해도 되나요?

A · 물론입니다. 가족이나 파트너에게 부탁해서 주물러 달라고 하세요. 혈자리를 찾을 때의 기본 '손가락 3마디'는 지압을 받는 사람의 손가락 폭이니 주의하세요.

Q · 손가락으로 누르기 힘든 부분은 어떻게 하나요?

A · 면봉이나 성냥을 이용해 보세요. 일부러 지압봉을 구입하지 않아도 조금만 생각해 보면 쓸 수 있는 도구들이 있습니다.

Q · 위에 좋다는 혈자리를 눌렀는데 어쩐지 볼의 기미가 옅어진 듯한 느낌이?

A · 동양의학에서는 어느 한 부위가 안 좋으면 몸 전체의 문제로 나타난다고 여기기 때문에 전신의 균형을 정비하다 보면 피부가 좋아지는 것 정도는 드문 일도 아닙니다. 몸을 따뜻하게 데우는 건 물론 미용까지 함께 챙기세요!

혈자리
위치를 익혀요

합곡 (양허 타입)   손등에 있으며, 손을 폈을 때 엄지와 검지 사이의 들어간 부분

용천 (신허 타입)   발바닥에 있으며, 발가락을 뒤꿈치 쪽으로 꺾었을 때
생기는 검지(제2발가락)와 중지(제3발가락) 사이의 들어간 부분

신유 (신허 타입)   등 허리선에 있는 요추에서 좌우 대칭으로 손가락 두 마디 바깥쪽

주의!
혈자리 지압의
이모저모

• 임신 중에는 혈자리 지압을 삼가세요.

• 혈자리는 증상에 맞는 부분만 눌러요. 잘못해서 다른 혈자리를 누르면 다른 증상을 일으킬 수도 있어요.

• 혈자리는 기분 좋을 정도로 눌러요. 아플 때까지 누르지 마세요.

• 몸 상태에 맞춰 횟수를 조절해요.

• 지압은 편안하게 이완된 상태에서.

• 열이 있을 때나 몸에 통증이 있을 때는 삼가세요.

• 술을 마신 후에는 하지 마세요.

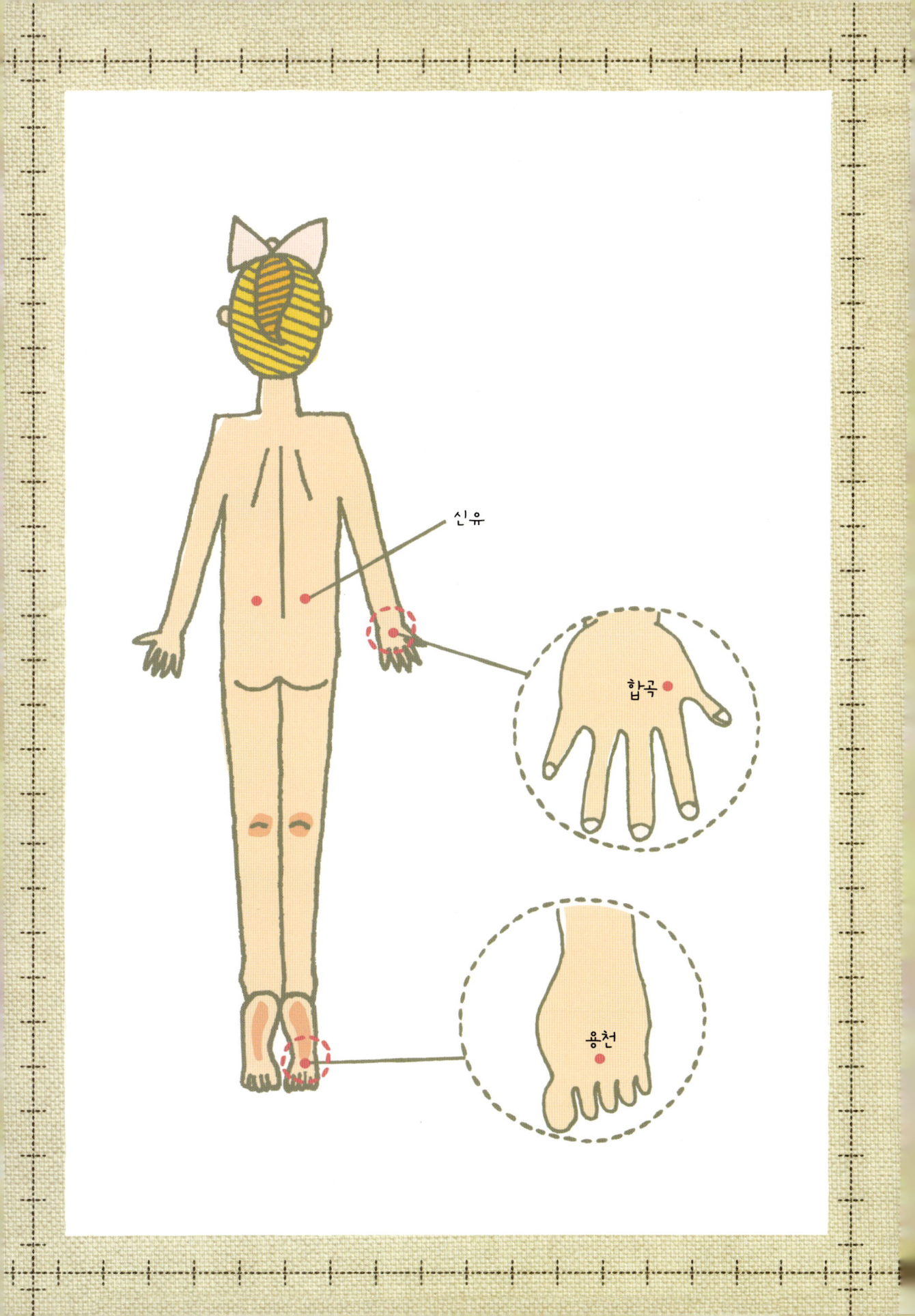

신유

합곡

용천

따끈한 식재료 Vol.3

양파

칼로 자르면 맵고 톡 쏘는 듯한 자극 때문에 눈물이 나는 양파. 생 양파는 쓰고, 볶으면 달고, 절반 정도 익히면 매운맛과 아련한 짠맛도 느낄 수 있어요. 동양의학의 5味인 '신맛' '쓴맛' '단맛' '매운맛' '짠맛'의 요소를 양파 하나로 전부 맛볼 수 있는 채소입니다. 몸을 따뜻하게 하는 식재료로서도 우수하며, 신진대사를 활발하게 해서 냉증이나 감기 예방에 최적. 비타민 B1의 흡수도 촉진시켜요.

슬라이스

막 슬라이스한 양파엔 매운맛이 남아 있어요. 잘라서 랩을 씌우지 않고 그대로 두면 매운 성분이 빠져서 생으로도 맛있게 즐길 수 있어요.

다지기

다진 양파는 그대로 드레싱에 넣어도 맛을 살려 줍니다. 남은 건 랩에 잘 싸서 냉동실에 보관하면 일주일 정도는 괜찮아요.

요리를 쉽게 해 주는 따끈따끈 소스를 만들어 보자!

양파 × 흑초 – 양파식초

식초의 산미가 타액을 분비해서 소화 부진을 돕고, 과식도 막아 줘요. 양파와 함께라면 혈액을 깨끗하게 하는 효과도 있어요.

재료
양파 ····· 1.5개
흑초 ····· 100ml
간장 ····· 50ml

❶ 양파를 다진다.
❷ 흑초, 간장과 섞는다.
* 재료는 만들기 쉬운 분량을 기준으로 함.
* 유리나 플라스틱 보존 용기에 넣어 냉장고에 보관하면 며칠
  은 보존 가능하지만, 되도록 빨리 먹을 것.

양파 × 오일 – 캐러멜라이즈한 양파

양파를 캐러멜 색이 날 때까지 볶으면 비위의 움직임을 좋게 해서 '후천의 기'를 흡수할 수 있고 몸도 따뜻해져요.

재료
양파 ····· 큰 것 1개(200g)
샐러드유 ····· 1큰술
소금 ····· 적당량

❶ 양파를 슬라이스로 썰고 밀폐 보존 백에 넣어 3시간 이상 냉동한다.
❷ ❶에 가볍게 소금을 뿌리고 샐러드유를 달군 프라이팬에서 볶는다.
❸ 양파 색이 바뀌기 시작할 때 물 3~4큰술을 조금씩 첨가하면 균일한 색이 나게 볶을 수 있다. 5~10분 정도면 캐
  러멜라이즈한 양파 완성.
* 재료는 만들기 쉬운 분량을 기준으로 함.
* 유리나 플라스틱 보존 용기에 넣어 냉장고에 보관하면 며칠은 보존 가능하지만, 되도록 빨리 먹을 것.

수체 타입

듬뿍 먹고 영양 보급

양송이버섯 샐러드

비타민과 미네랄, 식이섬유 등의 영양소가 들어 있어 한 번에 다양한 종류의 채소와 버섯의 맛을 즐길 수 있는 샐러드예요. 양송이버섯에 들어 있는 '칼륨'은 과다 섭취한 염분을 몸 밖으로 배출해 준답니다.

재료

양파식초	1큰술
양송이버섯	50g
어린잎채소	50g
샐러드유	1큰술
소금, 굵게 빻은 검은 후추	적당량

1. 양송이버섯은 가볍게 닦아서 먼지를 털어내고 2–3mm 두께로 자른다.

2. 양파식초와 샐러드유, 소금, 후추를 섞어 드레싱을 만든다.

3. 1과 어린잎채소를 함께 그릇에 섞어 넣고 2를 뿌려 먹는다.

따끈한 식재료, 차가운 식재료 vol.5

찬 음료가 '냉증'의 원인이 된다는 것은 22쪽에서도 소개했지요. 술을 마실 때도 이 법칙을 의식하게 되죠. 차가운 맥주를 마시는 것보다 따끈한 정종, 뜨거운 물을 섞은 매실주 등을 추천합니다. 평소와 조금 다른 맛을 즐기고 싶다면 따뜻한 와인은 어떨까요? 레드와인을 전자레인지에 데워서 꿀과 시럽을 추가하는 방식으로 손쉽게 만들 수 있답니다.

조리시간
5분

Onion

118kcal

양파의 단맛과 감칠맛이 응축
양파 소테

칼을 넣는 순간 맛있는 양파 맛이 응축된 엑기스가 한 가득 흘러넘치는 소테입니다. 스테미너 채소의 대표격인 양파, 항산화 작용에 강한 흑초의 파워로 피로를 날려 버려요!

🥄 재료

양파식초 ····· 3큰술

양파 ····· 중간 크기 1개

파슬리 ····· 적당량

간장 ····· 2작은술

샐러드유 ····· 1큰술

굵게 빻은 검은 후추 ····· 적당량

1️⃣ 양파는 위아래를 자르고 껍질째 전자레인지에 5분간 가열한다.

2️⃣ 뜨거울 때 양파를 가로로 3등분해서 간장을 뿌린 다음 샐러드유를 달군 프라이팬에서 가볍게 소테를 만든다.

3️⃣ 그릇에 담고 양파식초를 두른 다음 후추를 치고 다진 파슬리를 뿌린다.

따끈한 식재료, 차가운 식재료 vol.6

몸을 따뜻하게 하는 식재료와 차게 하는 식재료가 있다는 건 알겠지만, 그렇다고 따뜻하게 하는 식재료만 먹어야 하는 걸까요? 그렇지 않아요. 차게 하는 식재료는 안 된다는 말은 아니에요. 영양을 생각하면 어느 쪽이든 균형 있게 먹는 것이 몸에는 가장 중요하지요. 몸을 차게 하는 식재료의 조리법은 간단합니다. 이 책에서 따뜻한 식재료로 제안한 생강과 고추, 양파, 마늘을 같이 넣어서 요리를 해 보세요. 뜨겁게 만들어 먹는다면 더욱 좋겠지요. 조금만 조리법을 달리 하면 어떤 식재료로든 몸을 따뜻하게 할 수 있답니다. 다양한 요리에 도전해 보세요.

조리시간
8분

73kcal

걸쭉한 수프로 겨울 추위 해소
닭고기 야채주스찜

집 안과 바깥의 온도 차가 큰 겨울에는 몸이 움츠러들고 대사가 떨어지는데, 이럴 때는 겨울 추위를 해소하는 수프를 추천합니다. 닭고기는 육류 중에서도 냉증을 해소하는 대표적인 식재료. 지방 성분이 수프의 맛과 어우러져 더욱 깊은 맛이 나요.

재료

캐러멜라이즈한 양파 ····· 50g

닭다리살 ····· 150g

토마토 베이스의 야채주스 ····· 1캔(190g)

고형 수프 ····· 1/2개(2.5g)

녹말가루 ····· 1큰술

샐러드유 ····· 1큰술

소금, 후추 ····· 적당량

파슬리 등 좋아하는 허브 ····· 적당량

1 닭다리살은 한 입 크기로 자르고 소금, 후추를 뿌린 다음 녹말가루를 입힌다.

2 샐러드유를 달군 프라이팬에서 1 을 굽다가 표면이 맛있는 색으로 구워지면 야채주스, 고형 수프를 첨가해 7-8분 끓인다.

3 걸쭉해지면 캐러멜라이즈한 양파를 넣어 잘 섞어 주고 파슬리 등 좋아하는 허브를 첨가한다.

조리시간
10분

Onion

574kcal

혈허 타입

바게트와 치즈의 하모니가 최고

어니언수프

캐러멜라이즈한 양파 맛을 직접 맛볼 수 있는 어니언수프. 바삭바삭하게 구운 바게트와 녹아 내린 치즈 토핑이 음악의 하모니처럼 어우러진 퍼펙트한 맛의 향연.

재료

캐러멜라이즈한 양파 · · · · · 100g

모차렐라 치즈 · · · · · 20g

고형 수프 · · · · · 1개(5g)

바게트 · · · · · 한 조각(20g)

❶ 냄비에 고형 수프, 물 1컵을 넣어 불에 올리고 수프를 녹인 다음 캐러멜라이즈한 양파를 넣어 1~2분 끓인다.

❷ 바게트에 치즈를 얹어서 토스트를 만든다.

❸ ❶을 그릇에 담고 ❷를 얹어 뜨겁게 먹는다.

일상생활을 개선해서 따끈따끈하게 vol.1

운동 부족이 냉증을 유발한다는 것은 13쪽에서 언급했지요. 몸을 움직이지 않으면 혈액 순환이 나빠지고, 심장에서 나가서 손끝까지 돌아다닌 혈액이 원활하게 심장까지 돌아오지 못하게 됩니다. 다리의 근육의 펌프 역할을 해서 상반신으로 혈액을 보내기 때문에 다리는 제2의 심장으로 불려요. 하반신의 근육이 단련돼 있지 않으면 이 역할을 충분히 해낼 수 없어요.

Onion

188kcal

모두가 아주 좋아하는 인기 요리
카레 필라프

캐러멜라이즈한 양파와 밥을 섞어서 가볍게 볶기만 해도 맛있지만, 카레가루를 뿌려 인기 만점의 드라이카레를 만들어 봐요. 카레에는 간장에 좋은 '타메릭'이 들어 있어서 캐러멜라이즈한 양파와의 궁합도 최고랍니다.

🥄 재료

캐러멜라이즈한 양파 · · · · · 50g

밥 · · · · · 한 공기(150g)

햄 · · · · · 50g

계란 · · · · · 1개

카레가루 · · · · · 1.5작은술

소금, 후추, 샐러드유 · · · · · 각각 한줌

❶ 햄은 1cm 크기로 썰어서 샐러드유를 달군 프라이팬에서 볶는다.

❷ 캐러멜라이즈한 양파와 밥을 추가해 같이 볶다가 카레가루, 소금, 후추로 간을 하고 그릇에 담는다. 프라이팬을 씻고 샐러드유를 가볍게 두르고 계란프라이를 해서 밥 위에 올린다. 다진 파슬리도 있으면 뿌려 준다.

일상생활을 개선해서 따끈따끈하게 vol.2
다리 근육을 적당히 키우기 위해 걷기 연습을 해 보면 어떨까요? 사무실까지 한 정거장만 걸어 다녀도 달라집니다. 그러나 단지 막연히 걷기만 해선 의미가 없어요. 등을 펴고 자세를 의식하면서 걸을 때 근육으로 연결된 견갑골이나 팔도 운동이 되고, 주변 혈자리도 자극을 받아 혈액의 흐름이 촉진됩니다.

조리시간
3분

Onion

550kcal

뱅어와 치즈의 발군의 궁합
피자 토스트

뱅어포의 바다내음과 감칠맛 성분이 치즈와 발군의 궁합! 한번 맛보면 멈출 수 없어요. 철분이 풍부하고 칼슘도 많이 들어 있어 빈혈 예방도 되고 뼈도 튼튼하게 해 줍니다.

🥄 재료

캐러멜라이즈한 양파 ····· 50g

식빵 ····· 1장

뱅어포 ····· 넉넉하게 1큰술

모차렐라 치즈 ····· 1큰술보다 조금 많게

시판용 피자 소스 혹은 케첩 ····· 적당량

1 식빵에 피자 소스 또는 케첩을 바르고 캐러멜라이즈한 양파를 얹은 다음 뱅어포를 올리고 치즈를 뿌린다.

2 오븐 토스터에서 치즈가 녹을 때까지 굽고, 다진 파슬리가 있으면 뿌려 낸다.

조리시간
5분

Onion

343kcal

따끈한 식재료 Vol.4

마늘

몸을 따뜻하게 하는 데 효과가 큰 마늘은 냉증 예방과 개선에 빠뜨릴 수 없지요. 독특하고 강렬한 향이 특징이며, 요리를 맛있게 완성시켜 주는 만능 양념입니다. 마늘 향 성분의 근간이 되는 '아리신'에는 항균과 살균 작용이 있어서 바이러스로부터 인체를 지켜 주고, 높은 항산화 작용을 합니다. 동양의학적으로는 오장육부에 작용하여 피로 회복에도 도움이 되고 몸을 건강하게 해 준답니다.

슬라이스

마늘 슬라이스를 기름에 튀기면 마늘 칩이 됩니다. 고기나 생선에 곁들이면 풍미가 더해지고 영향가도 높아져요.

스리오로시

스리오로시는 마늘, 양파, 무 등을 갈아서 고기나 생선 위에 얹어 먹는 방식입니다. 가다랑어 다타키(겉만 살짝 구운 것)에 듬뿍 올리면 맛있는 마늘 스리오로시. 카레에 넣거나 드레싱에 넣으면 맛도 좋고 몸도 따끈따끈.

다지기

볶음 요리에 넣거나 갈릭 토스트에 딱 어울리는 다진 마늘. 콘소메 수프에 넣어서 끓이면 마늘 수프로.

요리를 쉽게 해 주는 따끈따끈 소스를 만들어보자!

마늘 × 올리브오일 - 알리오올리오

마늘을 오일에 가열하면 파워 업. 냉증이나 불면증을 해소하고, 붓기가 빠져서 아름다운 피부로 되살려 줍니다.

재료
마늘 ····· 50g(5~6개)
올리브오일 ····· 100ml

① 다진 마늘을 올리브오일에 넣고 절인다.

* 재료는 만들기 쉬운 분량을 기준으로 함.
* 유리나 플라스틱 보존 용기에 넣어 냉장고에 보관하면 며칠은 보존 가능하지만, 되도록 빨리 먹을 것.

마늘 × 된장 - 마늘된장

동양의학에서 흰색 마늘은 폐, 노란색 된장은 비장으로 분류됩니다. 옆에 나란히 있는 장기가 서로의 기능을 보충합니다.

마늘
마늘 ····· 100g(큰 마늘 통째로 1개)
서양풍 수프 가루 ····· 1큰술
올리브오일 ····· 1큰술
된장 ····· 1큰술

① 마늘은 껍질째 랩을 씌워 전자레인지에서 5분 정도 가열한다.
② 마늘이 뜨거울 때 껍질을 벗기고 포크로 짓이긴다.
③ 나머지 재료들을 한데 섞어 준다.

* 재료는 만들기 쉬운 분량을 기준으로 함.
* 유리나 플라스틱 보존 용기에 넣어 냉장고에 보관하면 며칠은 보존 가능하지만, 되도록 빨리 먹을 것.

쌓아 올린 파슬리도 주연급
쇠고기 조각 스테이크

파슬리는 비타민, 미네랄이 풍부해서 영양가가 높은 채소이죠. 잎도 줄기도 함께 다집니다. 쇠고기와의 조합을 통해 당질을 에너지로 바꾸고 자양 강장 효과를 높여 체력을 회복시킵니다.

재료

알리오올리오 ····· 2큰술

한입 크기의 쇠고기 ····· 100g

파슬리 ····· 20g(손바닥 가득 분량)

흑초 ····· 1작은술

소금, 후추 ····· 적당량

1 파슬리는 다져서 소금, 후추를 뿌린다. 프라이팬에 알리오올리오 1큰술을 달구어 파슬리가 바삭바삭해질 때까지 볶아 낸다.

2 쇠고기는 소금, 후추로 밑간을 한다. 프라이팬에 알리오올리오 1큰술을 달구어 쇠고기를 넣고 취향에 맞게 굽는다.

3 2에 1을 뿌려서 먹는다.

일상생활을 개선해서 따끈따끈하게 vol.3
집에서도 간단히 할 수 있는 운동이라고 하면 스트레칭이 있지요. TV를 보면서, 머리나 목, 어깨, 허리, 다리를 각각 구부렸다 펴기, 비틀기 등의 동작을 넣어 스트레칭을 해 보세요. 급격히 몸이 바뀌는 일은 없지만 계속한다면 틀림없이 냉증 개선에 도움이 될 거예요. 너무 심하게는 금물. 무리하지 말고 자기 페이스대로 천천히, 꾸준히 하세요.

조리시간
7분

Garlic

368kcal

73

양허 타입

비타민 칼라로 식욕 두 배
돼지고기 당근 말이

색이 예쁜 당근으로 겉을 싸면 씹는 맛도 좋고, 샐러드 감각으로 고기 요리를 즐길 수 있어요. 당근은 도마에 눕혀서 고정해 놓고 필러로 이등변 삼각형이 되도록 벗깁니다.

재료

알리오올리오 ····· 1큰술

돼지고기(샤브샤브용) ····· 80g

당근 ····· 80g

소금, 후추 ····· 적당량

1 당근은 길게 반으로 자르고 도마에 눕혀서 고정시킨 다음 끝에서 뿌리 쪽을 향해 필러로 한 번에 이등변 삼각형 모양이 나오게 벗겨 낸다.

2 당근 위에 돼지고기를 올리고 소금, 후추를 친 다음 이등변 삼각형의 밑변 부분부터 만다.

3 프라이팬에 알리오올리오를 두르고 2에서 말린 끝부분을 밑으로 가게 해서 굽는다. 표면이 맛있는 색으로 구워지면 뚜껑을 덮고 2~3분 찜구이를 한다. 무순이 있으면 곁들인다.

일상생활을 개선해서 따끈따끈하게 vol.4
냉증을 느끼는 사람은 샤워로 끝내지 말고 천천히 욕조에 몸을 담그는 습관을 들여 보세요. 샤워만으로는 아무리 뜨거운 물을 끼얹어도 몸이 따뜻해지지 않아요. 조금 미지근한 온도의 물에 10분 이상 편안히 몸을 담그면 구석구석까지 따뜻해진답니다. 욕조 안에서 혈자리를 누르는 것도 좋아요.

조리시간
5분

282
kcal

채소를 듬뿍 먹을 수 있는
소송채 나물

따뜻한 성질의 채소가 듬뿍 들어간 나물 요리로 내장 기능을 높여 주고, 몸의 밸런스를 정비해서 냉증을 개선합니다. 다양한 채소를 준비해서 나물을 만들어 보세요. 매운맛은 취향에 따라 조절.

🥢 재료

알리오올리오 ····· 1큰술

다진 쇠고기 ····· 50g

소송채 ····· 60g

당근 ····· 30g

콩나물 ····· 1작은술

고춧가루 ····· 1/2작은술

간장 ····· 1/2큰술

참기름 ····· 1작은술

설탕 ····· 1작은술

소금, 후추, 샐러드유 ····· 약간씩

❶ 볼에 알리오올리오와 간장, 참기름, 설탕, 고춧가루를 섞어 나물 양념을 만든다. 소송채는 3~4cm 길이로 썰고, 당근은 채 썬다.

❷ 소송채와 당근, 콩나물을 살짝 데치고 뜨거운 물기를 완전히 뺀다. 다진 고기는 샐러드유를 조금 넣고 볶다가 소금, 후추를 뿌린다.

❸ ❶의 그릇에 ❷를 넣어 살살 버무린다. 깨소금이 있으면 마지막에 뿌려 준다.

재료를 바꿔서 간단 준비

**당근
나물**

🥢 재료 알리오올리오 1큰술, 당근 60g, 고춧가루 1/2작은술, 간장 1/2큰술, 참기름 1작은술, 설탕 1작은술

❶ 알리오올리오와 간장, 참기름, 설탕, 고춧가루로 나물 양념을 만든다. ❷ 당근은 채를 썰고 살짝 데쳐서 뜨거운 물기를 완전히 뺀다. ❸ ❷를 ❶에 살살 버무리고, 있으면 깨소금을 뿌려 완성.

**미즈나水菜
나물**

🥢 재료 알리오올리오 1큰술, 미즈나 60g, 고춧가루 1/2작은술, 간장 1/2큰술, 참기름 1작은술, 설탕 1작은술

❶ 알리오올리오와 간장, 참기름, 설탕, 고춧가루로 나물 양념을 만든다. ❷ 미즈나는 먹기 좋은 크기로 자르고, 소금(분량 외)을 넣은 끓는 물에 살짝 데쳐서 뜨거운 물기를 완전히 뺀다. ❸ ❷를 ❶에 살살 버무리고, 있으면 깨소금을 뿌려 완성.

Garlic

261kcal

감칠맛과 단맛이 습관이 될 만한
파 볶음밥

껍질째 먹을 수 있는 벚꽃새우에는 칼슘과 단백질, 미네랄, 비타민 등 중요한 영양분이 응축돼 있어요. 마늘된장과 돼지고기, 감칠맛 성분이 풍부한 잎새버섯을 추가하면 멈출 수 없는 맛의 향연이!

재료

마늘된장 · · · · · 1큰술

밥 · · · · · 한 공기 분량(150g)

얇게 썬 돼지고기 · · · · · 50g

쪽파 · · · · · 20g

잎새버섯 · · · · · 30g

벚꽃새우 · · · · · 7g

샐러드유 · · · · · 1큰술

소금, 후추 · · · · · 적당량

1. 쪽파를 잘게 썰고, 잎새버섯은 밑뿌리를 도려내고 먹기 좋게 썬다.

2. 프라이팬에 샐러드유를 달구고 돼지고기를 볶는다. 밥과 벚꽃새우, 쪽파, 잎새버섯을 넣어 좀 더 볶는다.

3. 마늘된장을 첨가해 잘 볶아 준 다음 소금, 후추로 간을 맞춘다.

조리시간
8분

802kcal

맛이 꽉 찬
흰살 생선과
버섯의 호일 구이

많은 버섯 종류와 생선에서 나오는 감칠맛 성분이 빠져나가지 않도록 알루미늄 호일로 잘 감싸는 것이 포인트. 이중의 감칠맛 성분이 향미 좋은 마늘된장과 어우러져 풍성한 풍미의 한 그릇 요리가 되었어요.

재료

마늘된장 · · · · · 1큰술

흰살생선(대구 등 좋아하는 것) · · · · 한 토막

해송이버섯 · · · · · 30g

새송이버섯 · · · · · 60g

표고버섯 · · · · · 50g

잎새버섯 · · · · · 30g

소금, 후추, 샐러드유 · · · · · 적당량

① 흰살 생선은 소금, 후추를 가볍게 뿌린다. 버섯류는 밑뿌리를 도려내고 먹기 좋은 크기로 썰어 준비한다.

② 알루미늄 호일에 샐러드유를 가볍게 바르고 흰살 생선과 버섯을 얹어 마늘된장을 생선에 바른 다음 호일로 촘촘히 감싼다.

③ 프라이팬에 약간의 물을 붓고 ②를 넣어 뚜껑을 덮은 다음 7~8분간 찜구이를 한다.

Garlic

133kcal

와인에 곁들이고 싶은
아스파라거스와 해물 볶음

아스파라거스와 어패류의 궁합은 최고. 밥반찬뿐 아니라 화이트와인에도 잘 어울리는 요리예요. 방울토마토를 볶으면 단맛이 강해지고, 독특한 풍미가 살아납니다. 색깔도 더 선명해지고요.

🍥 재료

마늘된장 · · · · · 1큰술

그린 아스파라거스 · · · · · 4줄기

방울토마토 · · · · · 4개

해산물 믹스(냉동) · · · · · 100g

간장 · · · · · 1작은술

소금, 후추, 샐러드유 · · · · · 적당량

① 아스파라거스는 3~4cm 길이로 자르고, 소금을 뿌려 전자레인지에 1분 가열한다. 방울토마토는 꼭지를 따고 길게 반으로 가른다.

② 프라이팬에 샐러드유를 달구고 해산물 믹스를 볶는다. 전체적으로 익으면 마늘된장을 넣어 한데 섞고 소금과 후추로 간을 맞춘다.

③ **①**과 **②**를 섞어 그릇에 보기 좋게 담는다.

조리시간
4분

204kcal

영양의 균형을 잡는 '오색오미' 식사란?

'오미'의 작용과 효과

동양의학에서는 음식을 '오미'와 '오색'으로 나눠 각각이 오장육부와 대응하는 걸로 봅니다. 이 오색오미을 머릿속에 떠올리면서 음식을 만들려고 신경 쓰면 자연스럽게 몸에 좋고 균형 잡힌 영양 식단이 된답니다.

1 신맛 : 수렴 작용. 담낭, 간장, 눈에 효과

2 쓴맛 : 소화 작용과 물건을 딱딱하게 만드는 작용. 소장, 심장, 혀에 효과

3 단맛 : 완화 작용과 자양 강장 작용. 위, 비장에 효과

4 매운맛 : 발산 작용. 대장, 폐, 코에 효과

5 짠맛 : 부드럽게 하는 작용. 방광, 신장, 귀, 뼈에 효과

5색의 작용에 대해

식재료의 색깔에는 의미가 있어요. 고기 같은 것은 붉은 살과 지방 등 부위에 따라 색깔도 달라진답니다.
파란색은 간장과 담낭, 붉은색은 심장과 소장, 노란색은 위와 비장, 흰색은 대장과 폐, 검은색은 신장과 방광에 각각 효과를 나타내요.

맛도 있고 몸에도 좋은 최강 & 만능의 따끈따끈 소스

몸을 따뜻하게 하고 오장육부의 기능을 잘 살려 주는 식재료를 사용한 오색오미 소스입니다. 신맛(식초), 매운맛(붉은 고추), 단맛(미림, 천연맛술), 쓴맛(쪽파), 짠맛(간장)의 오미와 빨간색(고추), 파란색(쪽파), 노란색(생강), 흰색(마늘), 검은색(검은깨)의 오색이 전부 들어 있어요. 재료가 많이 들어가서 만드는 게 어렵게 느껴질지 모르지만, 재료들을 자르고 섞으면 끝. 고기와 생선, 어떤 요리와도 잘 어울리고, 꾸준히 먹으면 자연적으로 냉증이 해소됩니다.

붉은 고추 × 파 × 생강 × 검은깨 × 마늘 - 오색오미 소스

동양의학에서 흰색 마늘은 폐, 노란색 된장은 비장으로 분류됩니다.
옆에 나란히 있는 장기가 서로의 기능을 보충합니다.

마늘

붉은 고추 · · · · · 1개
쪽파 · · · · · 3줄기
생강 · · · · · 5g
마늘 · · · · · 10g
볶은 검은깨 · · · · · 1큰술
간장 · · · · · 50ml
식초 · · · · · 1작은술
미림 · · · · · 1작은술

❶ 붉은 고추와 쪽파는 작게 썰고, 생강과 마늘은 간다.
❷ ❶ 과 기타 재료를 전부 섞는다.

＊ 재료는 만들기 쉬운 분량을 기준으로 함.
＊ 유리나 플라스틱 보존 용기에 넣어 냉장고에 보관하면 며칠은 보존 가능하지만, 되도록 빨리 먹을 것.

맛은 오색오미 소스에 맡겨요
두부 데침

두부 데침에 들어가는 다시마는 영양이 풍부한 명품 조연입니다. 다시마에 포함된 '요오드'는 동양의
학에서 생명 에너지를 생성하고, 머리카락이나 손톱을 만들어 내는 세포도 활성화한다고 봅니다. 다
시마도 남기지 말고 드세요.

재료

오색오미 소스 · · · · · 2-3큰술

연두부 · · · · · 1/2모

차조기 · · · · · 3장

다시마 · · · · · 가로세로 10cm 1장

1 차조기는 잘게 채 썬다.

2 냄비에 다시마와 물 400ml를 넣고 불에 올려 끓으면 두부를 넣는다.

3 두부가 따뜻해지면 다시마와 함께 그릇에 담고, 오색오미 소스를 뿌린 다음 차조기를
얹는다.

5sack-5mi

145kcal

감칠맛이 인기
두유 전골

두유와 오색오미 소스를 합친 베이스는 어떤 식재료와도 궁합이 맞으니 자유자재로 사용해 보세요.
두유 전골은 배출 작용을 촉진하며 붓기를 가라앉혀서 몸이 가벼워져요! 여성들에게 기쁨을 주는 '
이소플라본'도 듬뿍 들어 있어요. .

재료

오색오미 소스 ····· 2-3큰술

돼지고기(샤브샤브용) ···· 80g

청경채 ···· 50g

감자 ···· 20g

당근 ···· 60g

표고버섯 ···· 2개

유부 ···· 1/2장

두유 ···· 250ml

닭 육수 ···· 1컵

소금, 후추 ···· 적당량

① 닭 육수는 시판용 가루나 큐브 형태를 뜨거운 물에 녹여서 1컵 분량을 만든다.

② 냄비에 ①과 두유를 넣고 불 위에 올리고 소금, 후추로 간을 맞춘다.

③ 모든 재료를 한 입 크기로 썰어 냄비에 첨가하고 익으면 오색오미 소스를 찍어서 먹는다.

조리시간
10분

5sack-5mi

650
kcal

89

매일 먹는 단맛 간식도 식재료만 잘 선택하면
따끈따끈 레시피로 급변신

흑설탕이나 꿀같이 몸을 따뜻하게 하는 감미료를 잘 사용해 주세요.
음료는 매실 절임과 생강즙이 들어간 3년번차로 더욱 따끈따끈하게.

흑설탕 젤리 콩가루 묻힘

재료

흑설탕 ····· 30g
가루 젤라틴 ····· 5g
콩가루 ····· 적당량

1 물 1큰술에 가루 젤라틴을 흔들어 넣고 불린다.
2 냄비에 흑설탕, 물 150ml를 넣고 불에 올린 다음 저어가며 끓인다. 불을 끄고 ①을 넣고 녹인다.
3 한 김 식으면 냉장고에서 굳힌다. 한입 크기로 잘라 콩가루를 묻혀서 먹는다.

두부 경단을 넣은 꿀 흑임자죽

두부 경단 _ 재료

찹쌀가루 ····· 80g
연두부 ····· 120g

흑임자죽 _ 재료

간 흑임자 ····· 50g
꿀 ····· 50g
갈분 ····· 1작은술
소금 ····· 한줌

1 두부는 대충 부수어서 찹쌀가루와 섞는다. 15등분해서 동그랗게 경단을 빚고 가운데를 가볍게 눌러서 오목하게 만든다.
2 끓는 물에 데쳐서 경단이 떠오르면 찬물에 건져 낸다.
3 냄비에 간 흑임자, 꿀, 소금, 물 150ml를 넣고 약불에서 잘 저어가며 부드럽게 만든다.
4 갈분을 1큰술의 물에 녹인 다음 ③에 넣고 잘 섞는다.
5 끈끈해지면 불을 끄고 그릇에 담는다. ②를 3개 띄우고, 있으면 깨소금을 뿌린다.
 * 두부 경단은 만들기 쉬운 분량으로 5인분. 칼로리는 1인분 기준
 * 데친 경단은 냉동실에서 한 달 정도 보존 가능. 먹을 때는 자연 해동.

흑설탕 호두

재료

호두(구운 것) ····· 150g
흑설탕 ····· 100g
소금 ····· 한줌

1 냄비에 흑설탕과 소금, 물 1큰술을 넣고 불에 올려서 저어가며 전부 풀어 준다. 취향에 따라 생강즙을 넣어도 맛있다.
2 끓기 시작하면 약불로 맞추고 타지 않도록 저으면서 2-3분 더 끓인다.
3 불을 끄고 호두를 첨가하고, 나무주걱으로 잘 섞어 준다. 흑설탕이 하얗게 굳으면 넓은 접시에 펼쳐놓고 식힌다.
 * 재료는 만들기 쉬운 분량으로 5인분. 칼로리는 1인분.

나가타 유이 _ 푸드 코디네이터. 식품업계와 꿀 전문점에서 상품 개발,
요리 교실 기획·운영을 담당하다 독립. 저서로 《샌드위치의 발상과 만들기》가 있다.

146kcal

흑설탕젤리
콩가루 묻힘

273kcal

흑설탕 호두

두부 경단을 넣은
꿀 흑임자죽

447kcal

매콤한 생강과 꿀 시럽

🍯 재료

꿀 ····· 250g

클로브 ····· 1개

생강 ····· 100g 팔각 1개

시나몬 ····· 1개

1 생강은 잘 씻어서 껍질째 얇게 썬다.

2 끓는 물로 소독한 보존병에 1의 생강과 시나몬, 클로브, 팔각을 넣고 꿀을 붓는다.

3 가끔 저어가면서 상온에서 만 하루 정도 둔다. 꿀과 생강의 엑기스가 잘 섞이면 냉장고에서 보존한다.

* 좋아하는 건과일과 꿀 시럽을 섞어서 간단한 간식으로. 홍차와 뜨거운 우유, 코코아와 뜨거운 와인에 넣으면 따끈따끈한 음료가 됩니다.

* 칼로리 표시는 1큰술 분.

새콤한 풍미의 마체도니아

🍯 재료

오렌지 ····· 1/2개

자몽 ····· 1/2개

키위 ····· 1/2개

바나나 ····· 1/2개

꿀 시럽 ····· 2큰술

1 과일들을 먹기 좋은 크기로 썰고 전부 섞는다.

꿀생강 우유 푸딩

🌀 재료

생강즙 ····· 2작은술
꿀 ····· 20g
우유 ····· 100ml
달걀흰자 ····· 1개분

1. 우유와 꿀을 내열 유리컵에 넣고 전자레인지에서 30초 가열한다.
2. 달걀흰자를 푼 다음 1 과 섞는다. 촘촘한 자루에 받쳐서 걸러 낸 것을 생강즙과 섞는다.
3. 가볍게 랩을 씌우고 전자레인지에 1분 20초 가열한다. 10분 정도 그대로 두면 남아 있던 열로 인해 부드럽게 굳는다.

코코넛과 호박죽

🌀 재료

호박 ····· 70g
코코넛 밀크 ····· 100ml
꿀 ····· 1큰술

1. 호박은 속을 빼고 껍질째 한 입 크기로 썬다.
2. 냄비에 코코넛밀크, 꿀, 물 50㎖를 붓고 잘 섞는다.
3. 1 을 첨가해 불에 올리고 부드러워질 때까지 끓인다.

45kcal

매콤한 생강과
꿀 시럽

아직 더 남았어요.

몸을 안에서부터
따뜻하게 해 주는 따끈따끈 식재료

생강과 고추, 양파, 마늘 등의 따뜻한 식재료는 매일 조금씩이라도 섭취해서 몸을 따뜻하게 유지해 주세요. 생강은 홍차에 넣거나 양념으로 쓰면 손쉽게 먹을 수 있어요.

대표적인 따뜻한 식재료 외에도 따끈따끈해지는 식재료는 아직 많답니다. 타임이나 로즈마리, 세이지, 민트 등의 허브류, 후추, 머스타드 등의 스파이스류, 꿀이나 흑설탕 같은 감미료 등이지요.

그 외에도 된장이나 간장, 낫토, 치즈, 절임류 등의 발효 식품도 몸을 따뜻하게 해 준답니다. 일본 전통 여관의 아침밥상을 떠올려 보세요. 밥에 구운 생선, 된장국, 낫토, 구운 김, 채소 절임으로 차리는 일본의 대표적인 아침 식탁은 따뜻한 식재료가 전부 모여 있는 이상적인 따끈따끈 레시피랍니다.

뜨거운 요리를 먹고, 그 열을 몸에 받아들이는 것도 냉증 해소에 효과적입니다. 특히 추운 계절엔 전골이나 수프 등을 먹고 뼛속까지 따뜻하게 만들어 주세요.

양말이나 머플러 등

몸을 겉에서부터
따뜻하게 하는 노력도 필요해요

만병의 근원이 되는 냉증과 추위는 다르지만, 그렇다고 추워도 참고 얇은 옷을 입고 지내는 것은 권장할 수 없어요. 혈액의 흐름이 나빠지기 쉬운 손발 끝은 양말이나 장갑으로 냉기를 차단하면 추위가 쉽게 느껴지지 않으니 냉증 예방 효과가 있어요. 목에 따뜻한 머플러나 넥 워머를 감는 것도 추위를 막는 방법의 하나입니다. 동맥이 지나가는 목 근처가 냉해지면 혈액의 흐름이 나빠져서 어깨 결림이나 목 결림으로 이어질 수 있으니 주의하세요.

양말이나 머플러를 착용할 수 없는 사무실에서는 무릎 위에 얹는 작은 휴대용 난방기구를 추천합니다. 또한 다 쓴 손난로를 허리 주변에 붙여 두기만 해도 몸 상태가 달라진답니다. 몸을 따뜻하게 하는 물건들을 사용해 냉해지지 않는 방법을 연구해 보세요.

 마지막으로

침구와 에스테틱, 아로마테라피를 통합하여 A-ha(아하) 치료실을 개업한 지 오랜 세월이 흘렀습니다. 많은 손님들을 시술하면서 현대 여성 특유의 심신과 피부의 고민들을 접하는 사이 특별히 걱정되는 점이 하나 있었습니다. 그것은 다양한 증상 중에서도 냉증이 공통적으로 보인다는 점입니다.

안타깝게도 많은 고객들이 냉증을 가볍게 여긴다는 염려가 앞섰습니다. 동양의학은 미병未病에 주목해 병을 미연에 방지하기 위한 의학이라 할 수 있습니다. 평소 기, 혈, 수의 흐름을 좋게 하기 위해 면역력을 높이고 건강을 촉진해 가는 것입니다.

만병의 근원으로 불리는 냉증은 미병의 대표라고도 할 수 있을지 모릅니다. 어깨 결림은 기와 혈이 정체되어 하반신까지 순환하지 못하는 것이 그 원인으로 여겨지는데, 냉증과 한 세트로 생각할 수 있습니다. 또한 힘겨운 정신적 증상들도 냉증과 관련이 있습니다. 스트레스 등에 의한 자율신경의 혼란이 몸을 차게 만드는 원인 가운데 하나라는 것도 이미 밝혀졌지요.

'지금 병에 걸린 게 아니니 괜찮아.'라는 생각이 들어도 조금이라도 냉증을 느낀다면 당장 냉증 대책과 따끈따끈 레시피를 실천해 보세요.

고객들을 시술하는 일이 직업이라, 냉증을 해소하는 레시피북을 만들어보자는 제안을 받았을 때 '내가 그런 대단한 일을 할 수 있을까?' 싶어서 처음엔 약간 당황했습니다.

예부터 전해지는 의식동원이나 약식동원이라는 말에서도 알 수 있듯이 음식과 건강은 결코 떼려야 뗄 수 없는 밀접한 관계에 있습니다. 그렇다면 나의 업무 관련 지식을 활용할 수 있을지도 모른다고 생각하기에 이르렀습니다. 그리고 평소 연구하고 있는 혈자리나 냉증에 관한 내용을 내가 좋아하는 요리를 통해 독자들에게 조금이라도 알리고 싶다는 바람에서 이 책을 쓰기로 결심했습니다. 이 책을 통해 내 자신이 냉증에 대해 다시 생각해 볼 수 있었습니다.

이 책이 여러분의 건강한 나날을 위해 조금이라도 도움이 되기를 바랍니다.

 후카마치 구미코